# Der kleine Schneckenschreck

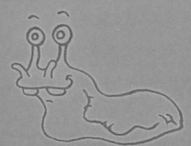

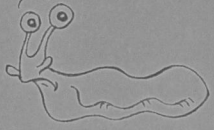

Claudia Graber / Henri Suter

# Der kleine Schnecken-schreck

Das bringt die Schnecke um die Ecke

KOSMOS

# Inhalt

# Die Welt der Sch

# necken

So sind sie

# Eine uralte Gartenplage

Die Schnecken gehören zu einem der ältesten und artenreichsten Tierstämme in der Entwicklungsgeschichte der Erde, zu den **Weichtieren** oder **Mollusken.**
Fossilienfunde der ältesten bisher bekannten Schneckenform datieren aus dem Kambrium vor 540 bis 450 Millionen Jahren. Die ursprünglichen Arten waren allesamt **Meeresbewohner.** Dank vieler Anpassungsleistungen und Spezialisierungen entstanden über hunderttausend Schneckenarten. Sie besiedeln heute die verschiedenartigsten Lebensräume und Zonen der Erde.
Die stammesgeschichtliche Entwicklung vom Meeres- zum Landleben dauerte Jahrtausende und erfolgte in verschiedenen Schritten: Zuerst als Tagesausflügler an den Meeresküsten, später immer mehr als Stammgäste während gewisser Lebensabschnitte, eroberten sich die Schnecken schließlich das Land mit seinem reichhaltigen Futterangebot.
In Europa zählen wir heute **über 2 000 verschiedene Arten** von Landschnecken. Vom guten Anpassungsvermögen zeugen die verschiedenen **Schneckenformen:** Die **Hauseigentümer,** wie zum Beispiel die Weinbergschnecke, die auf Mietwohnungen angewiesenen **Nacktschnecken** und die ursprünglichen Waldbewohner sowie

die ins Agrarland ausgewanderten Ackerschnecken. Als Gärtnerinnen und Gärtner interessieren uns insbesondere die Schneckenarten, die als sogenannte **Kulturfolger** gelernt haben, in offenen Flächen zu leben; diejenigen, die sich nicht mehr in Wald und Gebüschen aufhalten, sondern sich in bearbeiteten Feldern und Gärten wohl fühlen. Dabei handelt es sich zum Glück nur um wenige Arten. Und diese sind nützlich wie alle Schnecken: Sie fressen Aas sowie alte, kranke oder zumindest geschwächte Pflanzen. Die an die Verhältnisse im Garten angepassten Nacktschneckenarten finden als Gesundheitspolizisten ein besonders reichhaltiges Futtersortiment. Wen wundert es also, dass die Schnecken zum Dauerfraß motiviert sind und entsprechend Nachkommen produzieren?

## Den Gegner genau kennen

Trotz Frust und Ärger macht das **Morden im Gartenbeet** mit Schneckenkorn, Salz oder Schere keinen Spaß und ist auch keine Lösung auf Dauer.  Denn die Schnecken kommen – unter anderem vom Aas ihrer Artgenossen angelockt – immer wieder von überall her. Lernen wir also unsere Gegenspieler zuerst kennen. Machen wir uns dieses Wissen zunutze, indem wir die Schnecken fortan im Garten nicht glücklich, sondern unglücklich machen. Unzufriedene Schnecken verlassen den Garten und suchen ihr Glück in der Nachbarschaft.

### • Wasser – das Lebenselixier •

Eine Schnecke besteht zu etwa 85 % aus Wasser. Ihre Haut schützt sie aber nicht vor Verdunstung der Körperflüssigkeit, im Gegenteil. Sie besteht aus Zellen, die sehr schnell Wasser abgeben, aber auch sehr schnell wieder Wasser aufnehmen können.

Die Gehäuseschnecken haben dieses Problem optimal gelöst: Bei Trockenheit ziehen sie sich, den Kopf voran, in ihr Haus zurück. Das Sohlenende wird zur Gehäuseöffnung hin umgeschlagen und die „Tür" von innen mit einem Trockenhäutchen, im Winter mit einem Kalkdeckel, abgedichtet.

Die Nacktschnecken hingegen sind immer der Gefahr des Austrocknens ausgesetzt und müssen also ständig Wasser „nachfüllen". Dies geschieht auch über die Nahrung, vorwiegend aber über die Haut. Solange im engeren Umfeld die Feuchtigkeit ausreichend hoch ist, kann eine Schnecke relativ lange ohne feste Nahrung überleben, ohne Wasser dagegen stirbt sie innerhalb kurzer Zeit. Ein **feuchter Unterschlupf** steht deshalb in der Rangliste ihrer Lebensqualität ganz oben, noch vor dem so verlockenden Kopfsalat im Garten.

### • Eine schleimige Angelegenheit – die Fortbewegung •

Will eine Schnecke vorwärtskriechen, scheidet sie aus einer großen Drüse am vorderen Sohlenende Schleim aus, den sie mit dem Körper fortlaufend abplattet und auf dem sie gleitet. Einzellige kleinere Drüsen, die über die ganze Sohle verteilt sind, unterstützen diesen Vorgang durch Abgabe eines etwas weniger zähflüssigen Sekrets. Auf diese Weise entsteht die typische und verräterische **Kriechspur.**

Der Sohlenschleim besteht zu 98 % aus Wasser. Kriechen heißt demnach **Wasserverlust.** Und dieser kann erheblich höher sein als derjenige, der durch die Verdunstung über die Haut entsteht. Die Großen Wegschnecken sind allerdings dazu in der Lage, den Schleim teilweise wieder zu resorbieren.

SCHLEIMSPUR

GROSSE SCHLEIMDRÜSE

13

Für die Fortbewegung ist selbstverständlich auch bei Schnecken **Muskelarbeit** notwendig: Längs- und Quermuskeln umgeben die Bauchhöhle und erzeugen koordinierte, wellenförmige Bewegungen, die den ganzen Körper durchlaufen und zur Vorwärtsbewegung führen.

Einige Schneckenarten haben eine **spezielle Fähigkeit:** Wenn sie sich „verklettern", lassen sie sich mittels eines selbst produzierten Schleimfadens elegant zu Boden gleiten.

### • Wanderwege mit Hindernissen – vom Schlafplatz zum Fressplatz •

Sich fortbewegen bedeutet für die Schnecken Wasserverlust. Sobald es also einige Tage lang trocken und warm ist, darf die Distanz zwischen einem feuchten Unterschlupf und den Salaten, den Blumen und dem Gemüse nicht mehr zu groß sein, sonst wird diese Wanderung zum extremen Risiko. Optimal haben es die Schnecken, die sich ihre Wohnstätte gleich in einem schmackhaften Salatkopf eingerichtet haben. Das aber werden wir künftig nicht mehr zulassen, sondern für eine möglichst große Wegstrecke zwischen Unterschlupf und Futterquelle sorgen (s. Seite 40f.).

Die **optimale Umgebungstemperatur** für Schneckenaktivitäten liegt zwischen 15 und 20 °C. Über 20 °C wird der Schleim zähflüssig, und das Kriechvermögen der Schnecken nimmt ab.

Wichtig ist aber auch die Beschaffenheit der **Unterlage.** Ein trockener, saugfähiger Boden entzieht dem Schleim das Wasser und vermindert die Gleitfähigkeit. Die Schnecken kalkulieren in jedem Falle sehr genau: Reicht mein Wasservorrat? Wenn nicht, heißt es: Stopp, umkehren, solange es noch zurück reicht. Die Tiere haben das im Griff – wir nun aber auch. Denn da kommt uns doch sofort die Idee, im Zugang zum Gemüsegarten ein Hindernis zu legen, zum Beispiel einen Streifen Boden mit besonders saugfähigem Material bestreuen.

### • Schnecken-Sensorik •

Bei den Landschnecken befinden sich die Augen an den Fühlerspitzen. Die **Sehzellen** sind an sich sehr gut ausgebildet, aber da die Pupillen klein sind, ist das Auflösungsvermögen schlecht: Die Schnecken können nur Hell-Dunkel-Kontraste wahrnehmen.

Eine weit wichtigere Rolle spielt der **Geruchssinn.** Die Riechzellen sitzen ebenfalls vorwiegend in den Fühlern. Befindet sich eine Große Wegschnecke (siehe Seite 22f.) auf Delikatessensuche, hebt sie ihren Kopf vom Boden ab und bewegt die Fühler lebhaft hin und her.

Weitere sogenannte **Kontaktzellen** sind über den ganzen Körper verteilt. Sie befinden sich im Fußsaum, in den Tentakeln und in den Mundlappen. Die Schnecken registrieren also mit ihrem ganzen Körper, was in ihrer Umgebung so alles duftet. Zum Beispiel fühlen und riechen sie auch den Regen. Und wenn da am Abend ein Sprinkler in Aktion ist, kommt gewaltig Stimmung auf! Liegt zusätzlich die Temperatur im Idealbereich, ist alles perfekt!

Die Strecke, die zurückgelegt werden kann, und die Dauer des Fernbleibens vom Unterschlupf sind zwar

temperaturabhängig, werden aber vor allem von der Feuchtigkeit bestimmt. So kann es vorkommen, dass hungrige Schnecken auch bei kühler, aber nasser Witterung mitten am Tag auf Futtersuche sind. Ein Gewitter nach einer Trockenperiode wirkt wie der Sprinkler. Da kommen alle Tiere hervor. Allerdings nicht während des Schauers, sondern kurz danach.

## • Schnecken-Mathematik •

Wer sich die Zeit nimmt, beobachtet und sich etwas in die Schneckenhaut hineinversetzt, wird bald feststellen: Der **Aktivitätsrhythmus** der Schnecken richtet sich genau nach den drei Faktoren: Wasser, Licht und Wärme. Hier werden wir mit den **Strategien** für eine wirksame Regulierung ansetzen. Die Schnecken sind Meister im Kalkulieren – machen wir ihnen also einen Strich durch ihre Rechnung: Keine Schlupfwinkel im Gartenbeet, gießen nur am Morgen und saugfähiges Material zwischen Unterschlupf und Beete streuen.

## • Männlein und Weiblein – die Fortpflanzung •

Die bei uns heimischen Landschnecken sind **Zwitter**, das heißt zugleich Männchen und Weibchen. Die Anlagen der männlichen und der weiblichen Geschlechtsorgane sind zwar da, aber die Geschlechtsphasen laufen zeitlich getrennt ab. Die Tiere sind zuerst männlich und bilden Keimzellen aus. Bei der Paarung werden die Samen zwischen zwei Partnern in der männlichen Phase ausgetauscht. Das Vorspiel und die anschließende Paarung können Stunden dauern. Erst nach der **Paarung** setzt die weibliche Phase ein, die Eier reifen und werden mit den vom Partner aufgenommenen und im Körper gespeicherten Samen befruchtet.

Zur **Eiablage** wird eine Art Nesthöhle gesucht: der Gang eines anderen Tieres, Ritzen etc., oder eine selbst gebaute Grube.

Die im Garten wichtigen Arten legen die Eier meist nicht einzeln, sondern in Gelegen mit – je nach Art – bis zu 200 Eiern. Die Entwicklung der Eilarven dauert, einmal mehr abhängig von den klimatischen Verhältnissen, unterschiedlich lange. Im Sommer schlüpfen die **Jungschnecken** nach zwei bis vier Wochen. Im Herbst abge-

legte Eier überwintern, und die Jungtiere schlüpfen erst
nach Monaten.
Stets bleiben die jungen Schnecken einige Tage in der
geschützten Umgebung des Eigeleges. Auf Nahrungssu-
che gehen sie, sobald sie etwas widerstandsfähiger ge-
worden sind.

# Schnecken-

# Check

# Die häufigsten
# Schneckenarten

# Der Feind in meinem Beet

Eigentlich sind es nur einige wenige Arten, die uns zur Verzweiflung bringen können. Dafür sind sie sehr vermehrungsfreudig, wenn die Gartenbeete ihnen behagen.

### • Große Rote Wegschnecken •

Diese großen rotbraunen Schnecken dürften als die **gefräßigsten** unter den **Schadschnecken** wohl bekannt sein. Die Körperlänge der ausgewachsenen Tiere beträgt im Durchschnitt immerhin etwa 8 cm.

Der Einfachheit halber verwenden wir zur Bezeichnung dieser Tiere den Begriff „Große Wegschnecken". Wissenschaftlich ist dies nicht korrekt, denn es handelt sich um mindestens drei Arten, die mit bloßem Auge allerdings nicht sicher zu unterscheiden sind: Die Große Rote Wegschnecke – *Arion rufus,* die Große Schwarze Wegschnecke – *Arion ater,* und die Spanische Wegschnecke – *Arion lusitanicus.* Da das Verhalten dieser Tiere ähnlich ist, spielt es in unserer

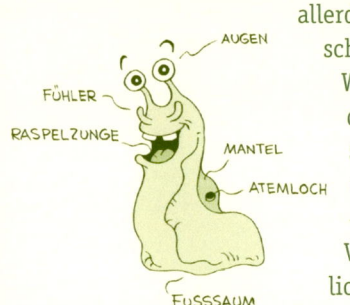

AUGEN

FÜHLER

RASPELZUNGE

MANTEL

ATEMLOCH

FUSSSAUM

Regulierungsstrategie keine Rolle, zu welcher Art der jeweilige Übeltäter gehört, zur Unterscheidung bräuchte es zudem eine zoologische Sonderausbildung.

**Verbreitung und Lebensräume:** Alle drei Arten bevorzugen Wald mit Unterwuchs (Kräuter), Gehölze, Hecken, Böschungen und Wiesen als Lebensraum; stets feuchte Biotope also, die in erster Linie als Unterschlupf geeignet sind, bei Trockenheit aber auch „Notfutter" bieten. Unsere einheimischen Großen Wegschnecken *Arion rufus* und *Arion ater* sind mit der Zeit aus ihren ursprünglichen Lebensräumen immer mehr auch in die Kulturflächen eingewandert. Hier bekommen sie nun aber seit etlichen Jahren Konkurrenz von der Spanischen Wegschnecke, die eigentlich in Südeuropa (Portugal) beheimatet ist. Sie wurde wohl mit Gemüseimporten in unsere Breitengrade eingeschleppt. Als „Südländer" sind diese Tiere besser an Trockenheit angepasst und breiten sich deshalb so stark aus, dass Biologen gar vermuten, dass die einheimischen Arten vom Aussterben bedroht sind.

**Erkennungsmerkmale:** Die ausgewachsenen Tiere variieren in ihrer Färbung von orangerot über rotbraun (*Arion rufus*), schmutzig braun (*Arion lusitanicus*) bis fast schwarz (*Arion ater*). Die Haut ist grob runzelig, mit

Ausnahme des Mantelschildes, der gut an der feineren Haut zu erkennen ist. Das Atemloch liegt auf der rechten Seite, vor der Mitte des Schildes.

Die Eier sind rund bis leicht oval, kalkweiß gefärbt, mit einem Durchmesser von etwa 3 mm.

Die jungen Schnecken sind zuerst hell und fast durchscheinend. Nach und nach entwickelt sich eine intensivere Färbung von graubraun bis rotbraun, seltener auch gelblich oder gar grünlich, je nach Art mit einer dunkleren Seitenbinde.

**Entwicklung:** Die Großen Wegschnecken bilden in Mittel- und Nordeuropa nur eine Generation pro Jahr. Aus den früh im Herbst in Ritzen und Höhlen abgelegten Eiern schlüpfen die Jungtiere schon vor Wintereinbruch, die anderen erst im Frühjahr zwischen März und April.

Die Paarungszeit liegt zwischen August und Ende September. Die Paarung selbst dauert einige Stunden. Während dieser Zeit ist der Wandertrieb besonders stark. An feuchtwarmen Abenden kann man Dutzende von Schneckenpärchen eng ineinander verschlungen in Wiesen, an Heckenrändern oder eben im Garten beobachten. Bis zur Eiablage dauert es nun noch drei bis fünf Wochen.

**Verhalten und Ernährung:** Mit Ausnahme der frisch geschlüpften Jungtiere, die zunächst noch unterirdisch leben, sind die Großen Wegschnecken vorwiegend an der Bodenoberfläche aktiv. Tagsüber und bei Trockenheit leben sie an feuchten, schattigen Orten. Da sie relativ groß sind und nicht graben können, finden sie im Boden kaum Schutz vor dem Vertrocknen und ziehen sich deshalb unter Büsche, Stein- und Holzhaufen zurück. Von da aus unternehmen die Allesfresser vorwiegend nachts Ausflüge zu den interessanten Nahrungsquellen. Für Aas sowie schwache und verletzte Pflanzen haben sie eine Vorliebe.

## • Gartenwegschnecken •

Wir können es den Wissenschaftlern nicht verübeln, dass sie bunten Käfern oder Schmetterlingen mehr Aufmerksamkeit widmen als den schlüpfrigen Schnecken. Deshalb wissen wir auch bei *Arion hortensis*, der Gartenwegschnecke, nicht immer, ob wir jeweils nur eine Art oder die Vertreter mehrerer Arten von unseren Bohnenkeimlingen ablesen. Mit Ihrem Einverständnis setzen wir uns über diesen Punkt hinweg, in der Annahme, dass auch Sie den Schneckenfraß nicht mittels lateinischer Artennamen erklären wollen.

**Verbreitung und Lebensräume:** in ganz West-, Zentral- und Südeuropa. Sie sind Kulturfolger und bevorzugen Gärten und Äcker als Lebensraum.

**Erkennungsmerkmale:** Die ausgewachsenen Tiere sind in der Regel 2,5 bis 3 cm, selten bis zu 4 cm lang. Der Rücken ist nahezu schwarz und weist zwei blauschwarze oder graubraune Seitenbinden auf, die hellgrau abgegrenzt sind. Die Sohle ist gelblich bis kräftig orange gefärbt. Oft ist sogar der Schleim leicht gelb pigmentiert. Ihre Körperform ist der der Großen Wegschnecken ähnlich und das Atemloch liegt ebenfalls seitlich vor

der Mitte des Mantelschildes. Die Eilarven sind beim Schlüpfen 2 bis 3 mm lang und durchscheinend. Nach einigen Tagen nehmen die Kleinen eine Farbe zwischen Hell- und Dunkelgrau an.

**Entwicklung:** Die Gartenwegschnecken bilden eine Generation pro Jahr. Da sie weniger kälteempfindlich sind als andere Arten, bedeutet der Winter nicht vollständige Inaktivität. Die Tiere legen ihre Eier in der Regel von Anfang Winter (November) bis Frühling in kleine Erdhöhlen oder noch lieber an Pflanzenwurzeln in Gelegen von zehn bis 50 durchsichtigen, stecknadelkopfgroßen Eiern. Die Jungtiere sind oft in der Morgendämmerung an der Bodenoberfläche unterwegs, wegen ihrer Tarnfarbe aber kaum erkennbar. Im Herbst sind die Tiere schließlich ausgewachsen und geschlechtsreif.

**Verhalten und Ernährung:** Die Gartenwegschnecken leben vor allem im und auf dem Boden. Nur bei feuchter Witterung und Taunässe kriechen die Tiere auch auf Pflanzen, am häufigsten im Spätsommer und Herbst. Größere Wanderungen machen die kleinen schwarzen Tiere nicht. Bei Trockenheit ernähren sie sich von Wurzeln und Knollen im Boden.

### • Ackerschnecken •

Die Wissenschaft vergebe uns, wenn wir auch bei der Ackerschnecke oder genauer, der Ackernetzschnecke (*Deroceras reticulatum*) auf eine Abhandlung des Artenkomplexes bewusst verzichten.

**Verbreitung und Lebensräume:** Ackerschnecken sind in ganz Europa verbreitet und hier vermutlich sogar die am häufigsten vorkommenden Nacktschnecken. Sie bevorzugen Lebensräume im Kulturgelände wie Gärten, Äcker und Wiesen. In der Landwirtschaft sind sie die am meisten gefürchteten Schadschnecken.

**Erkennungsmerkmale:** Ausgewachsene Tiere sind meist zwischen 3 und 5 cm lang. Ihre Farbe ist unauffällig hellbraun, gräulich bis gelblich. Mehr oder weniger ausgeprägt ist die dunklere, netzartige Zeichnung auf dem Rücken. Die Haut ist wenig gerunzelt, der Mantel zeigt die feine Struktur eines Fingerabdruckes, das Atemloch liegt seitlich hinter der Mitte des Mantelschildes.
Die Ackerschnecken sind sehr wendig und schnell. Das Körperende läuft spitz aus und weist einen ausgeprägten Kiel bis etwa zur Rückenmitte auf.

Die frisch geschlüpften Eilarven sind winzig klein und beinahe durchsichtig. Ebenso unauffällig sind die nur 1 bis 2 mm großen, durchsichtigen Eier, die in Gelegen von zehn bis 15 Stück an Pflanzenwurzeln oder in Bodenritzen abgelegt werden.

**Entwicklung:** In der Regel leben die Ackerschnecken bis zu einem Jahr und bilden in dieser Zeit eine Generation aus. Die Jungtiere schlüpfen im April/Mai aus den im Winter, meist aber erst im Frühjahr abgelegten Eiern. Mit vier bis fünf Monaten sind sie geschlechtsreif. Die Paarung, die oft schon im August beobachtet werden kann, findet an einem möglichst feuchten Ort statt, zum Beispiel gar auf einem tau- oder regennassen Salatblatt. Bis zur Eiablage dauert es vier bis sechs Wochen. Stärker als bei den übrigen Arten wird die Entwicklung der Ackerschnecken von der Temperatur beeinflusst. Mildes Wetter im Winter und Frühjahr kann zu einer zweiten Generation führen, die dann an den späten Kulturen, in der Landwirtschaft zum Beispiel am Winterraps oder Wintergetreide, erheblichen Schaden anrichtet.

**Verhalten und Ernährung:** Die Ackerschnecken leben vorerst nur unterirdisch; später sind sie während Trockenzeiten überwiegend in Bodenritzen (bis zu 30 cm

tief!) und unter Schollen zu Hause, wo sie sich von Wurzeln und abgestorbenen Pflanzenteilen ernähren. Feuchte Nächte allerdings veranlassen die wendigen Tiere zu geschickten Klettertouren bis zu den feinsten Blättchen und Blüten in luftiger Höhe.

Sie schädigen somit alle Pflanzenteile, von den Wurzeln und Knollen (Kartoffeln, Karotten) bis zu den Blüten und Früchten.

Die Art und das Ausmaß der Schäden verändern sich im Jahresverlauf und mit der jeweiligen Wetterlage. Die Ackerschnecken sind deshalb nicht so einfach einzuschätzen wie die Großen Wegschnecken, die ein vergleichsweise geregeltes Wanderleben führen. Bei Trockenheit sind die Ackerschnecken lange Zeit unsichtbar, bei Einsetzen feuchter Witterung erscheinen sie aber plötzlich in Scharen.

Die Ackerschnecken sind auch bei Temperaturen um den Gefrierpunkt noch aktiv. Es ist deshalb nicht ausgeschlossen, dass ein solcher Gast im schmackhaft zubereiteten Feldsalat das Weihnachtsessen mitgenießen will.

# Dauer-Gäste im Garten

Einige Schneckenarten lieben vor allem das naturbelassene Gartenumfeld – sie vergreifen sich nur ausnahmsweise an Gemüse und Blumen.

## • Egelschnecken •

Die Große Egelschnecke (*Limax maximus*), auch Großer Schnegel oder Tigerschnegel genannt, wird beachtliche 12 bis 15 cm lang. Ihre Grundfärbung variiert von hell- bis dunkelgrau. Eine markante dunklere Zeichnung überzieht den Körper streifig und/oder fleckig; vor allem gegen die Sohle hin gehen die Streifen in Flecken und Punkte über. Der Schleim ist farblos, die Sohle in drei gleichfarbene, helle Felder unterteilt. Der Kiel, der bis zur Mitte des Rückens reicht, ist deutlich ausgebildet.
Die Gelbe Egelschnecke (*Limax flavus*) ist mit 7 bis 10 cm etwas kleiner als die Große Egelschnecke. Die Körperfarbe ist gräulich gelb, ohne Streifen, manchmal aber mit grauer Tüpfelung. Ihr Mantel kann dunkel oder gelb gefleckt sein. Der Kiel ist nur kurz und undeutlich zu erkennen.

**Verbreitung und Lebensräume:** Beide Arten sind in ganz Europa verbreitet und leben im Kulturgelände. Die Große Egelschnecke ist eher in Hecken, Wäldern und natürlich auch auf dem Kompostplatz anzutreffen. Die Gelbe Egelschnecke dagegen bevorzugt Brunnen, alte Gemäuer, Höhlen oder verkriecht sich unter alten Tontöpfen im feuchten Gewächshaus; sie führt ein extremes Schattendasein.

**Entwicklung:** Die Großen Egelschnecken zeigen ein interessantes Verhalten: Zur Paarung hängen sie an einem selber ausgeschiedenen Schleimfaden in luftiger Höhe. Im Herbst werden Gelege von bis zu 200 glasklaren Eiern in Ritzen oder Höhlen deponiert.

**Verhalten und Ernährung:** Die Egelschnecken leben oberirdisch wie die Großen Wegschnecken, tagsüber verstecken sie sich in einem feuchten, dunklen Unterschlupf. Da ihre Nahrung sich vorwiegend aus abgestorbenen Pflanzenteilen zusammensetzt, richten sie nur in Ausnahmefällen Schäden an. Relativ selten entstehen Verluste an Obst- und Kartoffelvorräten, weil sich am verletzten Lagergut Fäulnis ausbreitet. Angeknabberte Etiketten an Vorratsgläsern gehen ebenfalls auf das Konto dieser Kellerbewohner.

## • Weinbergschnecken •

Die Weinbergschnecken (*Helix pomatia*) gehören zu den größten und auch sehr gut erforschten Landgehäuseschnecken Europas. Besondere Bedeutung kommt ihnen und einigen ihrer Verwandten als essbare Delikatesse zu.

**Verbreitung und Lebensräume:** Die Weinbergschnecken sind in weiten Teilen Europas verbreitet. In den Alpen sind sie sogar bis auf 2 000 Meter über dem Meeresspiegel anzutreffen! Ihre Lebensräume sind lichte Wälder, Hecken, Gebüsche und Mauern mit Pflanzenbewuchs. Die Weinbergschnecken sind vielerorts vom Aussterben bedroht und deshalb unter Schutz gestellt (Rote Listen).

**Erkennungsmerkmale:** Das hellgraue oder hellbraune Gehäuse einer ausgewachsenen Weinbergschnecke kann einen Durchmesser von bis zu 5 cm erreichen. Die dunklere, schwache Bänderung ist meist etwas verwaschen.

**Entwicklung:** Nicht nur Amor verschießt seine Liebes-
pfeile, sondern auch die Weinbergschnecken tun dies
bei der Paarung! Nach einem Vorspiel, bei dem sich die
Partner Sohle an Sohle aufrichten, bohren sie sich als
Reiz gegenseitig ein Kalkstilett in den Körper.

Im Juli/August werden zirka 40 bis 60 Eier in eine
meist selber gegrabene Höhle abgelegt. Nach etwa drei
bis vier Wochen schlüpfen „fertige" Schneckchen mit
einem durchscheinenden Häuschen. Etwa zehn Tage
später verteilen sie sich, klettern auf Kräuter oder
Bäume. Bei Hitze und Trockenheit ziehen sie sich in
ihr Haus zurück und dichten die Öffnung mit einem
Häutchen ab.

Vor Wintereinbruch graben sich die Tiere bis zu 30 cm
tief in lockeres Erdreich ein. Dabei wird die Fußsohle wie
ein Förderband eingesetzt. Zum Schutz vor Kälte ver-
schließen sie die Gehäuseöffnung mit einer kalkreichen
Masse (Eindeckeln). Die Lebensdauer einer Weinbergschnecke beträgt zwei bis fünf Jahre, unter günstigen
Umständen aber weit mehr.

**Verhalten und Ernährung:** Weinbergschnecken leben, außer während der Winterruhe, oberirdisch und
dort meist an der Bodenoberfläche. Sie ernähren sich
vorwiegend von grünen Pflanzenteilen, aber auch von

abgestorbenem Material. Nennenswerte Schäden an Kulturen verursachen sie allenfalls dort, wo ein Gemüsegarten oder -feld direkt an eine Hecke oder ein Gebüsch grenzt. Hier hilft nur einsammeln und an einen anderen Ort bringen. Ködern funktioniert bestens, da die Schnecken immer auf demselben Weg aus ihrem Unterschlupf in den Garten und zurückkriechen. Aber aufgepasst: Oft lassen sie sich tagelang oder gar wochenlang nicht blicken, und dann reicht eine von der Witterung her optimale Nacht – eine kleine Katastrophe, wenn da zum Beispiel Kohlsetzlinge locken. Übrig bleibt nur noch deren Gerippe.

Grundsätzlich sind diese Schnecken sehr nützlich, da sie Unmengen an organischer Substanz umsetzen. Dass die Tiere speziell die Eier der Nacktschnecken fressen würden, ist aber ein Märchen. Tatsache ist, dass sich alle Schnecken gegenseitig die Eier wegfressen.

## • Gefleckte Weinbergschnecken •

Diese Verwandte der Weinbergschnecke namens *Helix aspersa* ist ausgewachsen etwas kleiner, das gelbbraune Gehäuse ist hübsch mit dunklen, unregelmäßigen Bändern verziert, die verschmelzen oder sich fleckig auflösen. Ihre Lebensweise entspricht der der Weinberg-

schnecken. Als Delikatesse ist die „Petit Gris" vor allem in Frankreich von Bedeutung. Ihre Züchtung in großem Stil muss jedoch noch optimiert werden. Vielleicht wird in Zukunft die Vermarktung von Schneckeneiern, als Pendant zu Kaviar, wirtschaftlich interessant sein.

### • Bänderschnecken •

Sie sind in jedem Garten daheim, diese kleinen Gehäuseschnecken. Kinder sammeln die Subspezies der *Cepaea* wegen der schönen, unterschiedlichen Färbung und Bänderung ihrer Häuschen.
Die Bänderschnecken gehören ebenso wie die Weinbergschnecken der Familie der Hain- oder Schnirkelschnecken (*Helicidae*) an. In unseren Regionen sind vor allem zwei Gattungen, die Hain- und die Gartenbänderschnecke (*Cepaea nemoralis* und *Cepaea hortensis*), sehr zahlreich vertreten.

**Verbreitung und Lebensräume:** Beide Arten sind in Europa weit verbreitet. Sie leben in Gärten, Hecken, Wäldern, auf Bäumen, Felsen und Mauern.

**Erkennungsmerkmale**: Das gedrückte kugelförmige Gehäuse der Bänderschnecken hat einen Durchmesser

von 10 bis 20 mm. Färbung und Bänderung sind sehr unterschiedlich: über gelblich bis hellbraun, unifarben oder mit schmaleren bzw. breiteren dunklen Bändern.

**Entwicklung:** Bei der Paarung im Mai/Juni belecken sich die Partner zuerst und bohren sich dann gegenseitig, wie die Weinbergschnecken, zur Stimulierung den Liebespfeil in den Körper. Danach findet der Samenaustausch statt. Die Eiablage erfolgt im Sommer. Nach ein paar Wochen schlüpfen etwa 2 mm große, „richtige" Häuschenschnecken.

Auch die Bänderschnecken ziehen sich bei Hitze, Trockenheit und Kälte in ihr Haus zurück und deckeln sich ein, vielleicht ein Grund, weshalb sie oft mehrere Jahre alt werden.

**Verhalten und Ernährung:** Beide Arten leben oberirdisch, oft auf Sträuchern und Bäumen, wo sie sich tagsüber in ihre Gehäuse zurückziehen. Sie ernähren sich von Blättern und Früchten. Schaden richten sie kaum an. Im Garten vergreifen sie sich allenfalls an Johannisbeeren, dies aber mit Maß.

# Der Anti-

# Schnecken-

# Garten

Hier wird
kein Schleimer
glücklich

# Geniale Gartengestaltung

Betrachten wir vorerst den Lebensraum der Schnecken, also den Garten mit seinem ganzen Drum und Dran.

Der Gemüsegarten und das Blumenbeet sind in ein ganz bestimmtes Umfeld eingebettet. Da sind zum Beispiel die Buschgruppe, der Kompostplatz, der Kaninchenstall, der Gartensitzplatz oder vielleicht das Gerätehäuschen mit dem schön gestapelten Kaminholz. Wir gestalten unser Gartenreich, auch wenn es vielleicht klein ist, nach unseren Bedürfnissen und prägen damit die Lebensbedingungen der hier wohnenden Tiere ganz erheblich.

Wir haben Gartenarchitekten nach Kriterien für die Gartengestaltung befragt. Meist war die Rede von einer „funktionalen Einheit". Hier der Sitzplatz, dort die Büsche und, in einer arbeitstechnisch logischen Linie: erst Kaninchenstall, dann der Kompostplatz und zuletzt die Gartenbeete. Aus menschlicher Sicht mag das richtig

sein, wer will schon die Gartenabfälle quer durch den Garten in die gegenüberliegende Ecke tragen. Für eine wirkungsvolle Anti-Schnecken-Strategie gelten jedoch andere Kriterien:

Der **Kompostplatz** und die Stallungen für Haustiere sollten gegen Norden oder Westen ausgerichtet sein, in den Schattenlagen des Gartens mit möglichst wenig Sonneneinstrahlung – ganz im Sinne der lichtscheuen Schnecken.

Den **Gemüsebeeten** und Blumenrabatten gönnen wir dagegen viel Licht mit Sonneneinstrahlung von Osten bis Süden. Die Morgensonne vertreibt die Schnecken und trocknet die vom Tau feuchten Pflanzen. So wird gleichzeitig auch dem Befall mit Falschem Mehltau, Krautfäule (Tomaten) und anderen Krankheiten vorgebeugt.

Zwischen den bewilligten **Schneckenreservaten** und den Kulturen sollte immer eine „neutrale" Zone liegen: Ein breiter Streifen Rasen, der Sitzplatz, ein breiter Kiesweg oder auch eine breite Rabatte mit Pflanzen, welche die Schnecken nicht fressen (s. Seite 50 bis 51). So kommen die Schnecken kaum in Versuchung, aus ihrem feuchten Unterschlupf in die Gartenbeete hinüberzuwandern.

Was kann man aber tun, wenn der Kompostplatz des **Nachbarn** direkt an unser Gemüse- oder Blumenbeet angrenzt? Ob er die Sachlage begreift? Ansonsten muss hier eine Wanderschranke eingebaut werden (s. Seite 43f.).

Schwierig ist die Situation in den **Gartenkolonien,** in denen meist jeder seine eigene kleine „Schneckenzucht" betreibt. Hier lohnt es, sich ernsthaft für das Einrichten einer zentralen Kompostieranlage einzusetzen. Ein Informationsabend bei gemütlichem Zusammensein hilft sicherlich weiter – Schneckenprobleme lassen sich am besten gemeinsam lösen.

Im Garten der unglücklichen Schnecken werden die Überfälle auf Gemüse und Blumen zur Ausnahme. Das ist unser erstes Ziel! Wir haben Glück, gewisse Charakterzüge von ihnen sind uns mittlerweile nicht mehr fremd. Wir können den Garten nun so gestalten, dass unsere schlüpfrigen Mitbewohner nicht übermütig werden und sich weniger stark vermehren.

# Wir müssen draußen bleiben – Wanderschranken und Schneckenzäune

Lässt sich der Kompostplatz oder der Kaninchenstall nicht an einen anderen Ort verlegen, so muss die Wanderung der Schnecken zum Gemüse durch eine unüberwindbare Schranke verhindert werden. Dies gilt auch für Gärten, die direkt an landwirtschaftlich genutztes Land grenzen. Die Tage nach dem Grasschnitt oder nach der Ernte motivieren die obdachlos gewordenen bäuerlichen Schnecken ganz besonders zu einem Besuch im Garten, auf der Suche nach Nahrung, aber auch nach einem neuen Unterschlupf. Die Großen Wegschnecken legen dabei in einer Nacht beachtliche Strecken zurück, die kleineren Arten kommen langsamer, aber auch sie kommen.

## • Schneckenzäune •

Die Schneckenzäune sind den meisten Gärtnerinnen und Gärtnern wohl bekannt. Sie sind in Gartenfachgeschäften in verschiedenen Ausführungen erhältlich.

Stabil und recht dauerhaft sind **verzinkte Bleche** mit abgewinkelter Oberkante (s. Abbildung). Sie werden fest in den Boden eingelassen. Für Ecken und Winkel gibt es besondere Montageteile. Wird die Außenseite unter dem kleinen „Dach" des Blechwinkels bei regnerischer Witterung etwas mit Schmierseife eingestrichen, sind diese Zäune für Schnecken kaum zu überwinden.

**Elektrozäune** bestehen meist aus Kunststoff und verfügen über zwei aufgeschweißte Stromleiter. Sind diese mit einer leistungsstarken Batterie verbunden, schließen die Schnecken auf dem Weg über den Zaun den Stromkreis kurz, erhalten einen Stromschlag und lassen sofort von ihrer Klettertour ab.

Ein anderes System lässt sich mit **Kunststoffdachrinnen** bauen. Genau waagerecht verlegt und mit Wasser gefüllt, sind sie für die Schnecken unüberwindbar. Die Wasserkanäle dienen im Sommer zudem vielen Tie-

ren als Tränke. Sie sind allerdings nicht ganz einfach zu montieren und bedürfen der regelmäßigen Reinigung.

Diese mechanischen Schranken eignen sich zur Abgrenzung der Kulturfläche gegen eine Wiese, den Kompostplatz des Nachbarn oder eine andere Schneckenquelle. Nur eines dürfen wir nicht tun: den Garten lückenlos mit einem Schneckenzaun abriegeln. Wir würden dadurch viele **Nützlinge** wie Raubspinnen, Laufkäfer, Igel usw. vom Garten fernhalten; alles, was nicht hüpfen oder fliegen kann, lauter Tiere, die Blattläusen, Möhrenfliegen, Bohnenfliegen und anderen Schädlingen nachstellen. Der allseits schließende Schneckenzaun würde zur Ursache für andere Sorgen.

### • Natürliche Schranken •

Wer seine Kulturfläche nicht mit Technischem verstellen möchte, kann Wanderschranken auch aus natürlichen Materialien anlegen. Es bedarf dazu aber mehr Fläche. Die **Materialien** müssen so saugfähig sein, dass sie den Schneckenschleim absorbieren. Das löst bei den Tieren Panik aus und veranlasst sie zur Umkehr. Im schlimmsten Fall gehen sie gar zugrunde.

**Sägemehl** muss etwa 50 cm breit ausgestreut werden, Holzasche 30 bis 40 cm. Nach starken oder lang andauernden Regenfällen muss das Material erneuert werden. Einen gewissen Schutz bieten auch **Hartholzschnitzel** (Eiche) und selbst ein **Kiesweg.**

### • Alarm am Frühbeetkasten •

Kaum ermöglicht die Sonnenwärme erste Saaten, erwachen auch die Schnecken. Der wärmere Boden im geschützten Beet lockt sie von außen an. Ist die Umrandung nicht dicht, kann das Werk der Kriechtiere nun verheerende Formen annehmen. Es lohnt sich daher, das Frühbeet mit Schneckenzaunelementen zu bauen.

Die Schnecken im Kasten am besten wegfangen und nur schnecken(-eier)freien Kompost verwenden (s. Seite 69 f.).

# „Nein, die Pflanze fress' ich nicht"

Die Schnecken haben etwas mit dem „Suppenkasper"
von Heinrich Hoffmann gemeinsam. Denn auch sie sind
wählerisch und verbannen gewisse Pflanzen von ihrer
Speisekarte. Wir werden da aber weder Überredungs-
künste anwenden noch irgendwelchen Zwang ausüben,
sondern gezielt von dieser Untugend profitieren.

## • Blumenrabatte bleibt Blumenrabatte •

Eine Blumenrabatte, ausschließlich mit vor Schnecken sicheren Arten bepflanzt, kann selbstverständlich wunderschön gestaltet werden und ist bezüglich der Schnecken pflegeleicht. Wer aber auf seine **Lieblingsblumen,** die leider häufig zu den bevorzugten Speisen der Schnecken gehören, nicht verzichten möchte, steht vor einem Problem.

Das Mischen von **genießbaren und ungenießbaren Pflanzen** funktioniert denkbar schlecht; das Zerstörungswerk der Schnecken konzentriert sich gezwungenermaßen auf die Leckerbissen. Dazu ein Beispiel: Die Studentenblumen (*Tagetes*) haben in einer solchen Rabatte einen sehr schweren Stand, denn die von den Schnecken gemiedenen Pflanzen schränken das Futterangebot ein. Was liegt da näher, als dass sie ihren ganzen Hunger an den Studentenblumen stillen. Schlafen lässt sich danach im Schatten der benachbarten „Ungenießbaren" wunderbar.

Die in der Tabelle auf Seite 50 bis 51 aufgeführten Pflanzenarten werden die Schnecken daher nicht vertreiben. Der Begriff „meiden" bedeutet lediglich „ungenießbar".

Trotzdem lässt sich diese Eigenschaft in das Konzept eines schneckenfreien Gartens einbauen. Mit gemiedenen Blumen bepflanzte Rabatten können als **Schranken** zur Verminderung der Zuwanderung der Großen Wegschnecken in den Gemüsegarten führen. Es ist allerdings darauf zu achten, dass die Pflanzen nicht allzu dicht stehen. Der Boden wird wie im Gemüsegarten gepflegt und ebenfalls mit einer dünnen Mulchschicht bedeckt. Andernfalls dient das Blumenbeet als Unterschlupf, von dem aus die Schnecken nächtliche Exkursionen zum Gemüse unternehmen. Ist das Beet breiter als zwei Meter, darf die dem Gemüsegarten abgewandte Seite durchaus einen dichteren Bewuchs aufweisen. Die Stein- und Altholzhaufen für die Nützlinge lassen sich hier als interessante Gestaltungselemente einbetten.

Eine hundertprozentige Garantie dafür, dass eine Pflanze nicht verspeist wird, gibt es aber nicht. Denn fällt nach einer längeren Trockenperiode endlich Regen, wird zuerst das nächstliegende Grün, ob schmackhaft oder nicht, gefressen. Während einer **Regenperiode** haben die Schnecken jede Menge Zeit, möglichst vielfältig zusam-

mengesetzte Nahrung aufzunehmen, und sie vergreifen sich dann gelegentlich auch an den Pflanzen, die sie normalerweise nicht anrühren.

Kranke oder an einem ungünstigen Standort kümmernde Pflanzen werden dagegen oft kahlgefressen. Die Schnecken sind nun einmal Gesundheitspolizisten.

## Pflanzen, die Schnecken meiden

### Einjährige Blumen

| | |
|---|---|
| Malve | *Lavatera* ssp. |
| Kornblume | *Centaurea cyanus* |
| Löwenmaul | *Antirrhinum*-Arten |
| Ringelblume | *Calendula officinalis* |

### Zweijährige Blumen

| | |
|---|---|
| Bartnelke | *Dianthus barbatus* |
| Bellis/Maßliebchen | *Bellis perennis* |
| Fingerhut | *Digitalis purpurea* |
| Goldlack | *Erysimum cheiri* |

## Mehrjährige Blumen/Stauden

| | |
|---|---|
| Akelei | *Aquilegia*-Hybriden |
| Baldrian | *Valeriana officinalis* |
| Beinwell/Comfrey | *Symphytum*-Arten |
| Brennende Liebe | *Lychnis chalcedonica* |
| Eisenhut | *Aconitum*-Arten |
| Frauenmantel | *Alchemilla vulgaris* |
| Mohn-Arten | *Papaver*-Arten |
| Geranie | *Pelargonium zonale* |
| Wolfsmilch-Arten | *Euphorbia*-Arten |
| Maiglöckchen | *Convallaria majalis* |
| Phlox | *Phlox paniculata* |
| Primel | *Primula vulgaris* |
| Purpurglöckchen | *Heuchera sanguinea* |
| Schwertlilie | *Iris germanica* |
| Sonnenhut | *Rudbeckia* |
| Storchenschnabel | *Geranium,* alle Arten |
| Waldrebe | *Clematis*-Arten |
| Ziergräser aller Art | |

# Schneckenfresser liebevoll pflegen

Schnecken haben eine **natürliche Abwehrreaktion:** Werden sie angegriffen, sondern sie **mehr Schleim** ab als üblich und werden zu einer klebrigen Kugel. Da vergeht manchem Schneckenfeind im letzten Moment der Appetit. Einige Tiere aber packen blitzschnell zu, bevor die Schnecke weiß, wie ihr geschieht. Genaue Angaben über die so verursachte Sterberate gibt es kaum. Aber die Erfahrung lehrt, dass die Förderung von Schneckenfressern viel zur Vermeidung der Schneckenplage beiträgt.

## • Nützlinge von klein bis groß •

Schlupfwinkel im Garten, die den Schnecken behagen und ihnen tagsüber als Schlafplatz dienen, sind gleichzeitig auch gute Lebensräume für allerlei kleines Getier wie die schwarz behaarte Wolfsspinne und den langbeinigen Weberknecht – beide ziemlich brutale Gesellen, deren Biss Jungschnecken sofort tötet. Aufgenommen in diese Gesellschaft werden alsbald auch Laufkäfer und Kurzflügler. Mit ihren kräftigen Zangen am Kopf machen sie dem Leben der Schneckeneier und Jungtiere ein rasches Ende. Wer Spaß am Beobachten hat, wird feststellen, dass die **Lebensgemeinschaft** immer vielfältiger wird: Eine dicke Erdkröte, ein Molch oder eine Blindschleichenfamilie gesellen sich bald dazu.

## • Behausungen für Schneckenfresser •

Für diese Tiere schichten wir im Schatten von Büschen kleine Haufen aus verschieden großen Steinen so auf, dass darin genügend große **Hohlräume** bleiben, in denen sich Igel, Spitzmäuse und Blindschleichen einnisten können. In den kleineren Ritzen und Spalten finden die Raubspinnen und -käfer dann einen Unterschlupf.

Einzelne **Haufen** kann man anstatt mit Steinen aus Altholz aufschichten, zum Beispiel mit großen morschen Stücken aus dem Wald. Wenn möglich, lassen wir unter dem **Holzstapel** oder unter dem Gerätehäuschen Hohlräume frei. Sind sie groß genug, „möblieren" wir sie mit etwas Stroh oder Laub.

### • Schneckeneier – Delikatessen für Vögel •

Drosseln, Spechtmeisen, Stare und andere Vögel stellen ebenfalls den Schnecken nach. Ein flotter Regenwurm birgt zwar mehr Kalorien, aber wenn beim Scharren und Picken Schneckeneier oder Jungschnecken aufgedeckt werden, sind diese eine willkommene Bereicherung. Vögel versorgen wir dafür mit **Nistgelegenheiten.** Einheimische Bäume und Sträucher locken mit ihren Wildfrüchten die gefiederten Freunde zusätzlich an, und die zahlreichen Kleintiere im Altholz von mit Efeu umrankten Bäumen ergänzen die Speisekarte.

Vor allem im Sommer ist eine Trinkquelle immer gefragt. Ein kleiner Gartenteich mit Flachufer wäre als Vogeltränke optimal, aber auch die Minimalvariante, ein mit Wasser gefüllter Blumentopfuntersetzer, erfüllt diesen Zweck. Damit die Hauskatze nicht allzu leichtes Spiel hat, sollten wir die Trinkquelle frei aufstellen, so dass sie sich nicht ungesehen anschleichen kann.

### • Auch Schnecken werden krank •

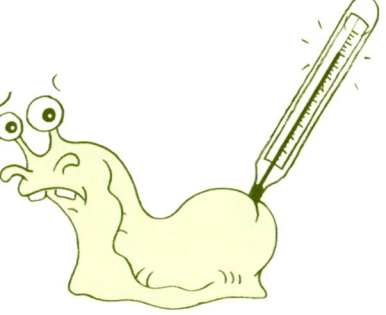

Was sich diesbezüglich in den von uns geschaffenen Nischen genau abspielt, bleibt unserem Auge verborgen. Sicher ist, dass durch die Ansammlung vieler Schnecken an diesen Stellen **(hohe Populationsdichte)** auf natürliche Weise die Sterblichkeit durch Infektionen mit Lungenmilben, Fadenwürmern, Pilzen und anderen Kleinorganismen zusätzlich erhöht wird.

# Da lachen die Hühner – Schneckenschmaus im Winter

Während der Zeit, in der im Garten alles blüht und gedeiht, gehören die Hühner in den **Hühnerhof.** Sie würden alles aufpicken, zerrupfen oder gar gänzlich auffressen, was wir im bewirtschafteten Garten hegen, und letztlich wäre die gesamte Garteninfrastruktur durch das dauernde Scharren gefährdet.

Anders dagegen verhält es sich **im Winter.** Die Regenwürmer befinden sich tief im Boden, die Igel und Spitzmäuse schlafen wohlig eingelullt in ihren Behausungen und, in den kleineren Nischen ruhen Spinnen und Käfer. Im Garten sind die Kulturen abgeerntet; bis auf den Feldsalat und einige Wintergemüse, die mit einem Vogelschutznetz schnell abgedeckt sind. Nun kann uns eigentlich nichts mehr davon abhalten, den Hühnern einige Zeit freien Lauf zu lassen – wenigstens den Hennen. Der Hahn entwickelt außerhalb des Geheges bald ein eigenwilliges Imponiergehabe und bringt dabei sein „Damenkränzchen" auf Ideen, die weit bis in entfernte Nachbargärten führen können. Hennen verweilen dagegen in der Nähe des eingezäunten Hahnes und scharren und picken nach Herzenslust. Sie sind sehr erpicht auf

Schneckeneier und kleine Schnecken und holen sich die
Leckerbissen aus allen möglichen Ritzen.
Recht spaßig ist es, wenn die Hühner bei der Bodenbe-
arbeitung mithelfen.

## Laufente gegen Schnecke – zuverlässige Mitarbeiter

Von den verschiedenen Entenarten haben die **Lauf- und
Stummenten** eine klare Vorliebe für Nacktschnecken. Sie
scharren nicht und stellen im Garten auch sonst nicht
viel Unheil an – unablässig suchen sie nach Schnecken.
**Drei Weibchen** sind die Mindest-
größe einer Entenfamilie für den
Garten. Der **Erpel** ist in der
Regel eigensinnig und allzu
selbstbewusst. Er bringt Unruhe
in die Schar, wobei die Enten
dies wohl anders betrachten
als wir Menschen! Als In-
frastruktur brauchen die
Enten ein Häuschen,
ein Gehege und immer

und überall Wasser, an einem Ort so viel, dass es zwischendurch auch zu einem Bade reicht.

Zur Entenhaltung gibt es spezielle **Fachliteratur.** Wir vermitteln hier nur die Erfahrungen, die für eine gute Effizienz bei der **Schneckenregulierung** besonders wichtig sind:

Bereits die **jungen Enten** werden ganz aufgeregt, wenn sie einer Schnecke begegnen, selbst die Großen Wegschnecken fürchten sie nicht. Die Entlein schnappen zu, obwohl der Hals noch zu dünn ist, um die große, schleimige Beute schlucken zu können. Sie ersticken mit der großen Schnecke im Hals. Jungenten deshalb stets im Frühling anschaffen, damit sie mit den Schnecken heranwachsen und nicht in Versuchung kommen, sich an einem allzu großen Opfer zu vergreifen.

**Zusatzfutter** am Morgen nach der Schneckenjagd und nur bis zum Mittag anbieten, damit die Tiere am Abend wieder hungrig auf Schnecken sind.

Stets muss auch im Auslauf **reichlich Wasser** zur Verfügung stehen, denn nach jedem Schneckenmahl wollen sich die Tiere ihren Schnabel säubern.

Das Umfeld des Gartens sollte dauernd beweidet werden können. Ein gewisses Risiko, dass die Enten zwischendurch auch nicht für sie bestimmtes Grünzeug naschen, besteht allerdings. Zudem wirkt Entenkot in den Gemüsebeeten nicht besonders appetitanregend. Deshalb umgibt man den **Kulturgarten** mit einem einfachen, 50 cm hohen Drahtgeflecht. Als Pfähle eignen sich Dachlatten.

Anders bei frisch **abgeernteten Beeten.** Hier verschafft man den Enten Zugang, indem der Zaun kurzfristig versetzt wird, bis alle Schnecken gefressen sind und neu bepflanzt wird. Pflanzenabfälle oder andere Köder (s. Seite 76f.) locken die Schnecken auch aus den Nachbarbeeten vor die Entenschnäbel.

Die Lauf- und Stummenten bedürfen natürlich, wie alle Haustiere, **täglicher Betreuung.** Sie sind in der Regel eher ängstlich und nicht als Kuscheltiere für Kinder gedacht. Es macht aber Spaß, ihnen zuzusehen, wie sie im „Gänsemarsch" durch den Garten watscheln.

Und nun zur kulinarischen Seite der Entenhaltung. Der **Entenbraten**, so sagt man, sei zäh, und die Eier

dürfen nur gekocht gegessen werden. Man muss sich also bewusst sein, dass diese Enten fast ausschließlich der Schneckenregulierung dienen – diese Aufgabe allerdings erfüllen sie glanzvoll.

## Geduldet im Kompost-Paradies

Die schattig feuchten Stellen unter Büschen, Holzhaufen usw. haben wir gezielt in „Wohnheime" für Schneckenfeinde verwandelt und damit den Kriechtieren bereits einen ersten Denkzettel verpasst. Doch da sind noch jene Örtchen, an denen, immer aus Sicht der Schnecken, paradiesische Zustände herrschen. Der Kompostplatz zum Beispiel, an dem es sich in den moderndern Gartenabfällen zufrieden schlafen lässt und zudem aus der Küche ständig frisches „Futter" nachgeliefert wird. Besser kann es nicht sein: **Futtern im Bett!**

Die Schnecken sind hier äußerst nützlich, und deshalb gönnen wir ihnen dieses Schlaraffenlanddasein. Die Tiere zerkleinern die Grünabfälle und fördern dadurch den Kompostierungsprozess.

Betrachten wir aber auch das Umfeld eines Hundezwingers oder eines Kaninchenstalles. Hier sind die Kot- und Futterreste für die Schnecken eine Delikatesse. Werden diese Gehege zudem oft mit Wasser gereinigt, herrscht bald feuchtfröhliche Schneckenstimmung. Aber wer nimmt es den Tieren übel, dass sie zur Sauberhaltung von Zwinger und Stall beitragen?

# Jetzt

## um den

# geht's Kohl

## Anbautipps gegen Schnecken

# Grundgut – der Boden

Diese Kampfansage steht für die Nacktschnecken in direktem Zusammenhang mit dem **Zustand des Bodens.** Während sich die Weinbergschnecken bei Trockenheit in ihr Haus zurückziehen, sind die Nacktschnecken auf einen feuchten Unterschlupf angewiesen. Was liegt da näher, als nach dem Abfressen der Tagetes in die nächste Bodenritze zu kriechen – sofern es Bodenritzen gibt.

Das ist sehr bequem! Doch wenn es **keine Ritze** gibt, muss die Schnecke zwischen Futterquelle und dem sicheren Schlupfwinkel pendeln.
Dieses ewige Hin-und-her-Wandern kostet Kraft und Wasserreserven. Manch eine Schnecke geht dabei zugrunde, auf jeden Fall nimmt die Lebensqualität massiv ab. Grundsatz Nummer eins heißt demzufolge:

**Keine Wohnstätten** für Schnecken im Gartenbeet schaffen. Wie wichtig ein ständig lockerer Boden ist, bei dem selbst eine Trockenperiode keine **Schwundrisse** entstehen lässt, zeigt sich daran, dass Schnecken in Gärten mit leichtem, sandigem Boden kaum ein Problem sind.

### • Immer locker bleiben •

Schwundrisse entstehen bei Trockenheit nur in schweren, lehmreichen Böden. Einen schweren, verklebten Boden in einen lockeren, krümeligen zu verwandeln, braucht ein wenig Geduld und ein geeignetes „Lösungsmittel", das dem „Leim", sprich dem Wasser, seine verklebende Eigenschaft nimmt. Das Zaubermittel hierfür ist die organische Substanz des Komposts. Eine konsequente Kompostwirtschaft und eine sanfte, die Bodenorganismen schonende **Bodenpflege** lassen den Boden krümelig werden. Schwundrisse entstehen nicht mehr, die Schnecken haben das Nachsehen, und die Kulturen profitieren in zweierlei Hinsicht: sie werden nicht gefressen und können auf gutem Boden gedeihen!

### • So richtig abräumen •

Wichtig ist es, im **Herbst** vor der Bodenbearbeitung die Beete gründlich abzuräumen und keine Pflanzenreste übrig zu lassen, die der nächsten Schneckengeneration im Frühjahr als Babynahrung dienen würden.

### • Den Boden ganz legal abstechen •

Nach alter Gärtnertradition folgt dem Abernten der Beete im Herbst unmittelbar der letzte Kraftakt – das Umgraben. Aber nur in **schwerem Boden,** wo die Erde bei Nässe an den Schuhen kleben bleibt, werden wir Schollen abstechen, hochheben und umgekehrt wieder absetzen. Diese **klassische Form** des Umgrabens behebt Verdichtungen und fördert die Durchlüftung sehr stark. Allerdings leiden dabei die Bodenorganismen.

Zur Bodensanierung ist es ratsam, vor dem Umgraben reichlich reifen Rindenkompost auszubringen und ihn während des Umgrabens mit dem Erdreich grob zu vermischen. Da dieses Material wenig Nährstoffe enthält, dürfen drei bis fünf Liter je Quadratmeter ausgebracht werden. Das grobschollige Beet abschließend mit einer Schicht trockenen Mulchmaterials bedecken (s. Seite 88f.).

In **lockerem, krümeligem Boden** ist eine **schonendere Technik** angebracht: bloßes „Tiefenlockern". Als Werkzeug dient die Grabegabel. Sie wird senkrecht eingestochen, der Stiel gegen den Körper gezogen und gleich anschließend ganz nach vorne gedrückt. Das Wenden des Bodens entfällt und das Bodenleben wird nur geringfügig gestört. Den Boden nach den ersten Frösten mit einer Mulchschicht schützen.

Den schweren Boden graben wir nach den **ersten Frösten,** also zwischen November und Februar, um und mit der Tiefenlockerung des leichten Bodens warten wir bis zum Spätwinter ab.

Wenn wir den Boden im frühen Herbst umgraben oder tief lockern, schaffen wir die Schlupfwinkel gerade dann, wenn Schnecken ihr Winterquartier suchen oder ihre Eier legen. Im folgenden Frühling würden die Schnecken und ihre Gelege die Beete bevölkern.

# Düngung – für Pflanze und Boden

Mit der richtigen Düngung können wir zwei Ziele auf einmal erreichen: Den Pflanzen Nährstoffe liefern und gleichzeitig die Krümelstruktur des Bodens verbessern, so dass keine Schlupfwinkel mehr für die Schnecken entstehen.

### • Bodenbalsam Gründüngung •

Meist ist beim Bezug eines neu gebauten Heims der für den Garten vorgesehene Boden noch in einem desolaten Zustand. Hier lohnt es sich, im ersten Jahr in alle Beete zum Beispiel Luzerne anzusäen. Die dicht wachsenden Pflanzen **lockern schwere Böden** mit ihren kräftigen Wurzeln bis in große Tiefen und verbessern die Luft- und Wasserzirkulation. Eine Gründüngung bringt auch Schwung in schon länger bewirtschaftete, aber „müde" gewordene Gartenböden. Sie ist allerdings ein echtes Tummelfeld für Schnecken und sollte deshalb nicht unbedacht angelegt werden.

Bei **Einsaat im Frühling** ist die Wahl von Bitterlupinen oder Esparsette ratsam. Diese Pflanzen sind trockenheitsresistent, und die Schnecken schätzen sie nicht. Im September das Kraut schneiden, die Nacht über liegen

lassen und am nächsten Morgen mitsamt den Schnecken kompostieren.

Für die **Saat im Spätsommer** eignen sich Alexandriner- oder Perserklee oder Feldsalat. Während der Klee im Winter abfriert, sollte der im Frühling übrig gebliebene Feldsalat spätestens einige Tage vor der Saatbeetbereitung geschnitten und die Blättchen kompostiert werden.

Da sich vor allem die schwarzen Gartenwegschnecken den Winter über in dieser Kultur sehr wohl fühlen, lassen wir die geschnittenen Pflanzen über Nacht liegen und räumen sie erst später ab. Das Einarbeiten der Gründüngungspflanzen täte dem Boden zwar gut, es fördert jedoch die im Boden wohnenden kleinen Schneckenarten und ist deshalb nicht empfehlenswert.

## • Zielorientiertes Kompostmanagement •

Das Düngen mit Kompost hat im Vergleich zum Ausbringen chemisch hergestellter Nährstoffkörnchen unbestreitbare Vorteile. Kompost ist Nährstofflieferant und **Bodenverbesserer** in einem. Doch wenn wir die Kompostwirtschaft nun im Zusammenhang mit der naturnahen Schneckenregulierung betrachten, stoßen wir auf ein Problem: Haben wir beim **Kompostplatz** die Schnecken als nützlich betrachtet und toleriert

(s. Seite 60f.), so wollen wir nun aber keine Schneckeneier und Jungschnecken mit dem Kompost in den Kulturgarten bringen. Was tun?

Ziel ist das Herstellen von **hochwertigem Kompost ohne Schnecken** und deren Eier. Am besten findet das Kompostmanagement im **Spätsommer** statt. Denn jetzt erst beginnt die Paarungszeit, und die wenigsten Schnecken sind schon bereit zur Eiablage. Sie benötigen nun viel Futter, um die Eier im Körper auszubilden oder um (Fett-)Reserven für den kommenden Winter anzulegen. Aus diesem Grund halten sich die Tiere besonders gern im Komposthaufen mit den täglich frisch eintreffenden Garten- und Küchenabfällen auf. Haufen, in denen das Material schon stärker zersetzt ist, sind dagegen als Schlafstätten und Eiablageplätze interessant.

Wir starten also schon im Spätsommer, reifen Kompost zu „ernten". Mit Hilfe des Kompostsiebes trennen wir den **reifen Kompost** vom noch zu wenig zersetzten Material, um einen Haufen reifen Komposts und in etwa zwei Metern Entfernung einen Haufen mit den noch in Zersetzung begriffenen **organischen Abfällen** zu be-

kommen. In dieser Form lassen wir das Tagewerk zwei bis drei Tage ruhen. Aus dem reifen Kompost werden die dort noch vorhandenen Schnecken in Richtung unreifer Kompost auswandern. Den Tieren wird die Entscheidung leicht gemacht, wenn der frische Kompost mit schmackhaften Küchenabfällen bereichert und der Boden zwischen den beiden Haufen feuchtgehalten wird.

Den **reifen Kompost** füllen wir in Säcke oder alte Zuber und **lagern** diese an einem geschützten Ort, bis zu seiner Verwendung. Diese **Zwischenlagerung** beeinträchtigt die Kompostqualität in keiner Weise.

## • Mist und Kräuterjauche •

Kompostwirtschaft ist gut, aber als Startdünger hat der Kompost zu wenig Pfiff – mit der Folge, dass die Gewächse beim Nachbarn stets kräftiger sind.

Kompost vermag den großen Nährstoffbedarf von Kulturen wie Blumenkohl, Kartoffeln oder Zuckermais kaum zu decken. Es lohnt sich deshalb Mist bei einem Bauern zu besorgen und diesen mit den Gartenabfällen vermischt zu kompostieren – Schnecken lieben frischen Mist!

Auch Kräuterjauche ist eine ideale Ergänzung zum nur schwach treibenden Kompost. Sie kann mit etwas Hühnermist vermengt werden und hilft nun selbst dem Blumenkohl auf die Sprünge. Jedoch keine gärende, das heißt stinkende Jauche auf das Beet ausbringen (lässt das Schneckenherz höher schlagen!), sondern diese

einige Tage täglich einmal kräftig rühren, bis sie ge-
ruchlos ist. Die Kräuterjauche leicht verdünnt in kleinen
Portionen den Pflanzen zukommen lassen und gleich
hinterher mit klarem Wasser „nachspülen".

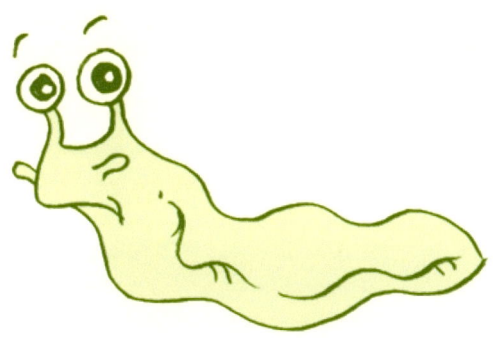

# Gut gesät,
# ist halb geerntet

Im Winter haben wir den Gartenboden **tief gelockert.** Der Frost hat bis zum Frühling wohl das Seine zum Zerfall der groben Schollen beigetragen, doch noch immer weist der Boden **große Ritzen** und **Spalten** auf. In der Abenddämmerung nach den ersten wärmeren Frühlingstagen werden die Schnecken nun wieder aktiv, verkriechen sich jedoch während der immer noch kalten Nächte stets in einen **Unterschlupf.**

### • Schneller als die Schnecke erlaubt •

**Im Frühling** müssen wir deshalb schneller sein als die Schnecken. Sobald es die Witterung erlaubt, der Boden ausreichend abgetrocknet ist und der „grüne Daumen" juckt, bereiten wir die **Saatbeete** – unabhängig davon, ob der Saatzeitpunkt für alle Kulturen bereits gekommen ist. Das Ziel ist, die Schollen zu brechen, die Ritzen

zu schließen und dadurch den Boden für die Schnecken schlecht zugänglich zu machen.

Zu Beginn der Arbeit bringen wir den reifen Kompost in der für die geplanten Kulturen erforderlichen Menge aus. Danach wird die Erde kräftig durchgearbeitet, Schollen zerschlagen, gerecht und nochmals durchgearbeitet, bis fast **sandkastenähnliche Zustände** herrschen. Sind die Schollen nicht klein zu bekommen, gegebenenfalls reifen Rindenkompost zur Sanierung hinzukaufen und nachträglich noch einarbeiten.

## • Schneckenjagd •

Die Bodenoberfläche ist nun richtig fein. Aber stellen Sie sich vor, wie sich nun jene Schnecken fühlen, die im Herbst trotz Vorsorge in den Boden eingedrungen sind und noch geschlafen haben: Sie sind von unseren Frühjahrsaktivitäten im Saatbeet total schockiert. Und was werden sie in der Verwirrung tun? Sie kommen in der Nacht nach dem „Erdbeben" hervor, um nachzuschauen, was denn in ihrer Umgebung geschehen sein mag.

Obwohl müde von der ersten Fitnessübung im Frühlingsgarten, sind wir in dieser wichtigen Nacht (und in den beiden nächsten) auf der Hut und fangen möglichst

viele der **verwirrten Schnecken.** Dies ist der optimale Zeitpunkt, um die graubraunen Ackerschnecken und die kleinen Gartenwegschnecken mit der orangeroten Sohle zu erwischen. Sie haben als ausgewachsene Tiere überwintert und sind bald bereit zur Eiablage.

Noch am selben Abend legen wir in den bearbeiteten Beeten feuchte Bretter aus oder stellen feuchte **Tontöpfe** umgekehrt auf den Boden. Unter diesen Schlupfwinkeln **Köder** auslegen – gehackte Küchenabfälle oder, den Star unter den Schneckenködern, aufgelöste Katzenbiskuits vermengt mit Weizenkleie. In der Nacht mit der Taschenlampe und/oder am nächsten Morgen kön-

nen wir die Schnecken von den Köder-
häufchen ablesen.

Nach dem **Jagderfolg** liegt es
in unserer Macht, über Sein
oder Nichtsein zu bestim-
men. Wer die Schnecken le-
bend der Natur zurückgeben
möchte und ein gutes Verhält-
nis zu den Nachbarn hat, bringt
sie weiter weg an einen Waldrand
– aber auf keinen Fall auf das
Land der Bauern. Soll über das
**Lebensende** verfügt werden,
sagen Fachleute, dass das
Überbrühen mit reich-
lich siedendem Wasser
den Tod innerhalb von
Sekunden herbeiführe
(s. Seite 95).

Nie sollten Schnecken
zerschnitten und tot
liegen gelassen werden.
Sie locken ihre Artgenos-
sen, die das Aas fressen, aus
einem weiten Umfeld an.

### • Nichts für Ungeduldige •

Wir haben nun das Saatbeet gut auf die neue Kultur vorbereitet und die meisten Schnecken bereits entfernt. Trotzdem bleibt die Zeit nach dem Säen ein kritischer Moment. Die Vorfreude auf eine üppige Ernte oder Blumenpracht verleitet uns oft, möglichst früh auszusäen. Doch der während des Tages leicht erwärmte Boden kühlt im Verlauf kalter Nächte schnell wieder ab, die **Samen keimen nur langsam**. Die noch im Saatbeet wohnenden, ausgehungerten Schnecken jedoch profitieren von der kurzen Erwärmung. Sie kommen in der Dämmerung hervor, fressen sich satt und verkriechen sich wieder, sobald es ihnen zu kühl wird. Es lohnt sich daher, mit dem **Aussäen abzuwarten,** bis der Boden gut erwärmt ist. Die Saatrillen kann man einige Tage vorher ziehen, damit sich der Boden auch in der Tiefe erwärmt. Bei einem **Kälteeinbruch** die Beete mit einem Folientunnel überdecken.

### • Keimlinge verstecken •

Schnecken können mit ihren empfindlichen Geruchsorganen die Keimpflanzen im Boden lokalisieren und finden deshalb den Weg zu ihnen ganz gezielt. Wir kön-

nen die Schnecken aber austricksen und ihnen den **Weg versperren:** Die Samen mit einem zwischen den Händen fein zerriebenen **Gemisch aus Erde und Kompost** bedecken, leicht andrücken, gießen und nochmals leicht andrücken. Da die Schnecken nicht graben können, durchdringen sie diese kompakte Schicht nicht, und der Kompost verhindert, dass die Deckerde nach dem Gießen verhärtet.

● **Ablenksaaten – unerkannte Delikatessen** ●

Besonders kleinsamige, langsam auflaufende Pflanzenarten wie Möhren, Schnittsalat und andere sind von den Heißhungerattacken der Schnecken betroffen. In den entsprechenden Beeten lohnt es sich, Köder- oder Ablenkpflanzen zu säen.

Bleiben wir beim Beispiel **Möhren:** Unmittelbar nach der Aussaat säen wir zwischen die Möhrenreihen sowie an den Beeträndern schmale Reihen Gartenkresse oder Gelbsenf. Deren Samen keimen schnell und lenken die Schnecken von den Möhrensamen ab. Einige Tage nach dem letzten Vereinzeln der Möhren zupfen wir die **Köderpflanzen** aus und legen sie vorerst noch in die Reihe. Nachts, wenn die Schnecken an den ausgezupften Pflanzen fressen, entfernen wir diese mitsamt den Schnecken und übergeben sie dem **Komposthaufen.**

Falls es trocken sein sollte, die ausgerissenen Pflanzen mit Wasser begießen, damit sich auch die letzte Schnecke aus dem Boden wagt.

Da wir beim Vereinzeln stets einzelne Pflänzchen verletzen und damit die Schnecken besonders stark anlocken, wird am Morgen eines warmen Tages vereinzelt. Die „Wunden" trocknen bis am Abend ein und die Lockwirkung vergeht.

### • Ablenkfutter „säen" •

Auch die fetten Keimlinge großsamiger Kulturen wie
Bohnen und Zuckermais sind bei den Schnecken sehr
beliebt. Durch Vorquellen der Samen über Nacht vor
der Saat beschleunigen wir ihre Keimung erheblich.
Nach dem Prinzip der Ablenksaat wird anstelle der
Kresse unmittelbar nach der Saat ein möglichst bun-
tes Gemisch aus zerkleinerten Küchenabfällen (Kartof-
felschalen, Salatreste usw.) in Zwischenrillen „gesät",
mit grober Erde zugedeckt und „angegossen". Für die
Schnecken ist dieser Minikomposthaufen in den Zwischenrillen sehr interessant, und sie fressen sich daran
satt. Währenddessen können die in ihrer unmittelba-
ren Nachbarschaft gesäten Kulturen langsam, aber sicher gedeihen.

# Versetzung gefährdet

Setzlinge sind während der ersten zwei Wochen nach dem Verpflanzen schwach. Noch unzureichend bewurzelt, weisen sie oft auch Verletzungen vom Transport oder vom Zurückschneiden der Blätter oder Wurzeln auf. Die **Jungpflanzen** aus dem Gartenfachgeschäft haben die ersten Lebenswochen meist im Glashaus zugebracht und müssen sich an das rauere Klima im Freien erst gewöhnen. Gegenüber diesen Pflänzchen sind die Schnecken skrupellos. Die Tiere fühlen sich aufgefordert, ihre Funktion als Gesundheitspolizisten im Pflanzenreich wahrzunehmen und begreifen nicht, dass jemand ein besonderes Interesse an den schwachen Pflanzen haben könnte.

**• Nur die Harten kommen in den Garten •**

Wir wählen zum Auspflanzen nur die **stärksten Pflanzen** aus. Setzlinge aus dem Gewächshaus oder aus dem gedeckten Frühbeet müssen vor

dem Auspflanzen erst an die Außentemperatur angepasst werden. Die **Frühbeetkästen** bleiben deshalb nun
auch die Nacht über unbedeckt; Setzlinge in Töpfchen
genießen den Auslauf vorerst einige Tage auf dem Gar-
tentisch. Falls nach dem Auspflanzen ein Kälteeinbruch
droht, die Kulturen mit einem Tunnel schützen.

### • Anti-Schleim-Auflage für junges Grünzeug •

Nach dem Angießen und Andrücken der Setzlinge wird
um jede Pflanze kreisförmig eine dünne Schicht aus ge-
trocknetem **Mulchmaterial** (s. Seite 89f.) gestreut und
leicht mit der Hand angepresst. Dies
verhindert das Feuchtwerden
von **Urgesteinsmehl** oder
Algenkalk, die als dünne
Schicht darübergestreut
werden. Die
genannten Mittel
entziehen den
Schnecken den
Schleim und
verhindern
somit die
Zuwanderung

vor allem von Jungschnecken. Allerdings müssen die Steinmehlkragen nach kräftigem Regen erneuert werden. Urgesteinsmehl kann in jedem Garten nach Belieben verwendet werden, Algenkalk ist dagegen nur zu wählen, wenn der Gartenboden sauer ist (pH-Wert unter sechs). Geeignete **alternative Materialien** sind getrocknete Tannennadeln, zerkleinerte Eierschalen oder Lavendelpulver. Das Gesteinsmehl ist diesen jedoch in seiner Wirkung überlegen.

### • Wenn der große Regen kommt •

Lange Regenperioden motivieren die Schnecken nicht nur dazu, ausgedehnte Wanderungen zu unternehmen, sie glauben auch, unter dem verhangenen Himmel pausenlos, nachts und gar am Tag, fressen zu müssen. Die Jungpflanzen haben nun einen schweren Stand. Hier hilft nur, die Beete mit einer **Folie** abzudecken, trocken zu halten und die **Steinmehlkragen** anzubringen. Die Schnecken werden das Beet nun verlassen und außerhalb im feuchten Umfeld schwelgen.

# Locker Aufwachsen – Gerätschaften zum Lockerbleiben

Regentropfen zerschlagen an der Oberfläche die Boden-teilchen. Bei Lehmboden bildet sich nun eine glatte Schicht, die beim Abtrocknen sehr hart wird. Es erfolgt nun fast kein Gasaustausch mehr zwischen dem Boden und der Luft. Als Folge ist die Aktivität der **Bodenor-ganismen** stark eingeschränkt, da sie unter „Atemnot" leiden. Die verhärtete Schicht muss deshalb von Zeit zu Zeit gebrochen werden. Keimendes Unkraut wird so un-terdrückt und die Verdunstung verringert. Gleichzeitig wollen wir den Schnecken jedoch keine Schlupfwinkel schaffen, in die sie sich tagsüber verkriechen können. Die Pflanzen sollten wir bei der Bodenbearbeitung mög-lichst nicht verletzen! Verletzte Pflanzen locken nicht nur Schnecken an, die Wunden sind auch Eintrittspfor-ten für verschiedene Krankheitserreger.

### • Unkrautprofi Zweizinkenhacke •

Die **Lockerung** der Bodenoberfläche ist eine Arbeit, die ohne Kraftaufwand, ruhig und langsam ausgeführt wer-den soll. Es gilt, nur die obersten Zentimeter Boden zu

bewegen, junges Unkraut anzugehen und stets darauf zu achten, dass das Mulchmaterial nicht zu stark mit dem Boden vermischt wird. Die Zweizinkenhacke lässt sich sehr schonend zwischen den Reihen führen.

### • Im Strudel der Bodenfräse •

Wer Besitzer eines großen Gartens ist, hat vielleicht eine motorisierte Bodenfräse zur Verfügung; dieses Gerät leistet gute Dienste bei der **Saatbeetbereitung,** es kann aber auch als Reihenfräse zum Hacken und Jäten in bestehenden Kulturen eingesetzt werden. In jedem Fall muss der Boden im Moment der mechanischen Bearbeitung gut abgetrocknet sein, denn in nassem Boden verkleben die rotierenden Messer die Bodenpartikel. In der Folge entstehen dann harte kleine Schollen, zwischen denen die Schnecken **ideale Wohnquartiere** finden. Im trockenen Boden eingesetzt, tötet die Bodenfräse die meisten Schnecken, die in den Strudel der Messer geraten.

# Unter die Decke – das Mulchen

Eine Deckschicht aus **organischem Material**, die sogenannte Mulchschicht, ist für den Boden optimal. Sie reguliert die **Bodentemperatur** – der mit Mulch geschützte Boden erwärmt sich schneller, während bei großer Hitze ein isolierendes Luftkissen entsteht. Sie reguliert die **Feuchtigkeit** – das Bodenwasser verdunstet durch die Schutzschicht weniger schnell. Sie schützt die Bodenoberfläche vor dem **Verhärten** – bei Regen prallen die Tropfen auf den Mulch und nicht direkt auf die Bodenpartikel. Und nicht zuletzt fühlen Regenwurm und Co. sich unter dieser lockeren und doch schützenden Decke pudelwohl, zumal sie das Mulchmaterial auch gleich als Nahrung verwerten können. Zur Erhaltung und Verbesserung der Bodenfruchtbarkeit leistet das Mulchen also einen wesentlichen Beitrag.

Doch Vorsicht, wer nicht **einige Grundsätze** beachtet, betreibt bald ungewollt eine Schneckenzucht. Die Mulchschicht dient auch den Schnecken als Unterschlupf; sie schätzen die Feuchtigkeit, sie knabbern gern am ausgestreuten Material, und zu aller Freude ist das edlere Futter so schön nah. Da heißt es: Sofort gegensteuern!

## • Materialkunde •

Das Mulchmaterial darf nicht als Nahrung für die Schnecken geeignet sein. Rasenschnitt, Heu oder gar Küchenabfälle scheiden deshalb eindeutig aus. **Sehr gut eignen sich** dagegen Laub vom Vorjahr, Heckenschnitt, Stroh oder Schilf. Diese organischen Abfälle müssen allerdings zerkleinert werden, sonst bauen wir den Schnecken Ferienwohnungen mit Vollpension. Der Häcksler oder auch der Rasenmäher leisten beim Zerkleinern und Mischen gute Dienste. Zudem muss der Mulch trocken sein.

Das gelagerte, **trockene Mulchmaterial** streuen wir nach dem letzten Ausdünnen der Direktsaaten oder nach dem Auspflanzen der Setzlinge aus. Diese **Schicht** sollte gerade so dick sein, dass der Boden nicht mehr sichtbar ist. Da der Mulch von den Bodenorganismen zersetzt wird, muss nach Bedarf zur Reserve gegriffen werden.

## • Spezialfälle •

Zum Schutz vor Schneckenfraß und der Graufäule werden **Erdbeeren** – diese Praktik dürfte bekannt sein – mit Stroh unterlegt. Doch Vorsicht: Zu früh ausgelegt, werden diese Strohpolster zur Retourkutsche. Sobald nämlich das Stroh in Bodennähe feucht wird und sich zu zer-

setzen beginnt, finden die Schnecken unheimlich Spaß an der Sache. Sie ziehen unter die **Strohpolster** und gehen nachts gerne mal eine Portion Erdbeeren naschen. Oder die ganz gewieften, im Stroh geschlüpften jungen Gartenwegschnecken wagen es, sich in der schönsten Frucht häuslich niederzulassen. Damit es nicht so weit kommt, die Strohunterlage erst dann auslegen, wenn sich die ersten Früchte rot zu färben beginnen. Nach der Ernte das Stroh wieder entfernen.

# Wässern mit Köpfchen

Trockenheit zwingt die Schnecken zum Verbleib in einem feuchten Unterschlupf. Dauert dieser Zwangsaufenthalt allzu lange, drängt der Hunger. „Riechen" nun die hungrigen Schnecken irgendwo in ihrem Umfeld Wasser, gibt es außer warmem Sonnenschein nichts, das sie noch halten könnte. In dieser Beziehung ist auf die Schnecken Verlass, sie verhalten sich in einer solchen Situation stets gleich. Halten wir uns beim Gießen ebenso genau an die Regeln zur Verhinderung der Wanderung, begrenzen wir den Schaden auf ein absolutes Minimum. Zur Taktik gibt es da nicht viel zu überlegen.

### • Nie am Abend gießen •

Der **beste Gießzeitpunkt** ist der Morgen, denn am Morgen werden die Schnecken nicht auf Wanderschaft gehen, da schon die ersten Sonnenstrahlen kostbare Körperflüssigkeiten verdunsten. Die Beete mit empfindlichen Neusaaten oder noch schwachen Setzlingen an heißen Tagen mit einem hellen Tuch abdecken, damit die Feuchtigkeit erhalten bleibt. **Im Extremfall,** bei einer Hitzewelle, das Tuch ab und zu mit Wasser befeuchten, am Abend aber unbedingt wieder entfernen.

### • Individuelle Pflanzenbetreuung •

Sprinkler sind für die Schnecken eine ganz tolle Sache.
Da wird nicht nur der gesamte Boden wundervoll nass,
der Geruch des verdunstenden Wassers gibt den Schnecken auch allen Mut, den sie brauchen, um selbst vom
entferntesten Unterschlupf die Wanderung Richtung Kul-
turbeet anzutreten. Wer den **Sprinkler** weiterhin und
gar am Abend laufen lässt, beruft spontan die Jahres-
versammlung der regionalen Schneckenvereinigung ins
Reich seiner Möhren, Salate und Blumen. Besser ist es,
die Pflanzen **individuell** zu **gießen.** Eine Erleichterung
sind Bewässerungsrillen entlang von Reihenkulturen wie
Möhren oder Porree.  Bei größeren Pflanzen wie Tomaten
oder Gurken können **Töpfchen** eingraben werden, deren
Boden herausgebrochen oder -geschnitten worden ist. Die
Gießrillen und -töpfchen tragen dazu bei,
dass der Wurzelhals der Pflan-
zen trocken bleibt und
„Fußkrankheiten" in der
Folge kaum mehr auf-
treten. Und zudem er-
leichtern wir uns das
Zielen beim Gießen.

### • Die Schnecken irreführen •

Für einen hinterlistigen Streich eignet sich der Sprinkler allemal. So kann er in der den Gemüsebeeten und Blumenrabatten entgegengesetzten Ecke des Gartens einen **Regen vortäuschen** – Hauptsache, die Schnecken wandern möglichst weit von den gefährdeten Kulturen weg.

### • Viel Wasser auf einmal geben •

Frisch gepflanzte Setzlinge verdienen behutsame Pflege. Doch sobald die Kulturen fest angewachsen sind, folgt die Erziehung zur **Widerstandsfähigkeit.** Durst veranlasst die Pflanzen, tiefere Wurzeln zu bilden. Sie ertragen nun Trockenheit besser und nehmen auch mehr Nährstoffe auf. Wir geben jeder Pflanze, je nach Größe, ein bis drei Liter Wasser auf einmal. Dann wird eine Pause eingelegt, bis die unteren Blätter am Abend zu welken beginnen und damit Durst anzeigen. Je nach Bodenart werden die Pflanzen selbst bei trockenem Sommerwetter bald eine Woche ohne Wassernachschub auskommen. Die Schnecken sitzen derweil frustriert in ihrem Unterschlupf.

# Angriff ist die beste Verteidigung

Es dauert seine Zeit, bis Maßnahmen wie die Förderung der Nützlinge oder die Sanierung schwerer Böden wirksam werden. Solange noch viele Schnecken im Garten sind, hilft ein **kleiner Trick** zur Abgrenzung verschiedener Reviere, damit die Schnecken zum Beispiel nicht unter der Buschgruppe hervor in den Kulturgarten wandern oder, vom Kompostplatz her kommend, bis zu den Blumen vordringen. Wir benötigen dazu ein Mittel, das die Schnecken verabscheuen und einen Köder, den sie schätzen.

Als Ersteres eignet sich Schneckenjauche, und der beste Schneckenköder ist, wie schon erwähnt, die feuchte Mischung aus Weizenkleie und aufgeweichten Katzenbiskuits oder Dosenfutter.

### • Die Schneckenjauche •

Etwa 100 Schnecken mit kochendem Wasser übergießen (die Schnecken sind sofort tot) und bis zu vier Liter Wasser nachgeben. Die **Mischung** zehn bis 14 Tage zugedeckt gären lassen – jedoch nicht unter dem Küchenfenster!

Mit Wasser nochmals auf die doppelte Menge verdünnen.

Die Schneckenjauche wird in kleinen Mengen an Stellen ausgebracht, an die die Schnecken nicht kriechen sollen, der Köder in entgegengesetzter Richtung, wo Schnecken getrost sein dürfen; Schneckenjauche beispielsweise an den Rand des Gartens, Weizenkleie in kleinen Häufchen in der angrenzenden Buschgruppe. Der Gegensatz von „hier schrecklich – dort lecker" löst eine gezielte Wanderung der Schnecken in Richtung des Köders aus.

**Wichtig:** Keinesfalls darf die Schneckenbrühe, in der Annahme, der Salat würde dann nicht gefressen, über Kulturpflanzen gegossen werden, denn die Jauche enthält Zersetzungsstoffe, die alles andere als gesund sind.

# Garten-Arbeitskalender mit Blick auf die Schnecken

## • Überprüfen der Gartengestaltung •

Die folgenden Maßnahmen wirken vorbeugend gegen Schnecken:

- Standort des Kompostplatzes, der Kaninchenställe usw. überprüfen und eventuell wechseln.
- Nischen für die Nützlinge schaffen.
- Nistkasten für die Vögel aufhängen.
- Wanderschranken erstellen.
- Frühbeetkasten schneckendicht gestalten.
- Beete anlegen mit Pflanzen, die von den Schnecken gemieden werden.

## • Frühling •

Früh, sobald der Boden abgetrocknet ist und man ihn bearbeiten kann:

- Beete mit Feldsalat sauber abernten.
- Mulchdecke entfernen und kompostieren.
- Leichte Böden jetzt tief lockern.

- Zur Bodenverbesserung Rindenkompost besorgen und einarbeiten.
- Kurz danach den Boden als Saatbeet herrichten.
- Weizenkleie und Katzenbisquits besorgen.
- Taschenlampenbatterie aufladen.
- In der Nacht nach der Saatbeetbereitung die Schnecken ködern und ablesen.
- Schneckenbrühe herstellen.
- Strohunterlage bei Erdbeeren nicht zu früh auslegen!

## Zur Saat:

- Saatrillen früh ziehen und Kompost einstreuen.
- Günstigen Saatzeitpunkt abwarten.
- Samen mit feinem Erde-Kompost-Gemisch abdecken und andrücken.
- Gleichzeitig oder einige Tage vor der Saat Ablenkfutter in Zwischenreihen säen.
- Folientunnel bereithalten oder empfindliche Saaten gleich abdecken.

## Zum Pflanzen von Setzlingen:

- Vor dem Pflanzen Ablenksaaten säen.
- Setzlinge vor dem Pflanzen genügend lange im Freiland abhärten – Frühbeetkasten nun auch nachts offenhalten!

🌱 Steinmehl für Schutzkragen besorgen!

🌱 Nur starke Setzlinge pflanzen.

🌱 Die Pflanzen so wenig wie möglich verletzen.

🌱 Nach dem Pflanzen angießen, andrücken, Mulchmaterial streuen und Schutzkragen mit Steinmehl anlegen.

### • Frühsommer bis Herbst •

🌱 Strohunterlage bei den Erdbeeren nach der Ernte gleich wieder entfernen.

🌱 Zum Schutz von Saaten und Setzlingen die gleichen Maßnahmen wie im Frühling treffen.

🌱 Bei feststellbaren Zuwanderungsstellen Abwehrmittel und Köder einsetzen.

🌱 Die Bodenoberfläche stets schonend lockern.

🌱 Mulchmaterial streuen und erneuern, sobald es von den Bodenorganismen zersetzt ist.

🌱 Zum Lockern des Bodens die Zweizinkenhacke benutzen.

🌱 Mit der mechanischen Bodenfräse nur bei trockenem Boden arbeiten.

🌱 Am Abend vor der Arbeit mit der Bodenfräse die Schnecken ködern.

- Tränken für Nützlinge aufstellen.
- Gießen stets am Morgen, nie am Abend.
- Den Sprinkler nicht einsetzen.
- Schneckenfreien Kompost herstellen.
- Folgt nach Trockenheit ein warmer
  Landregen, lohnt sich ein
  Kontrollgang nachts mit der
  Taschenlampe

## • Herbst •

- Beete sauber abräumen,
  Boden leicht antreten,
  Ritzen schließen.
- Mulchmaterial zum Bodenschutz
  erst im Winter auslegen.
- Mulchmaterial für das nächste Jahr herstellen
  und lagern.
- Die Hühner (so vorhanden) im Garten
  „weiden" lassen – winterfeste Kulturen schützen!

### • Winter •

- Umgraben, bei schwerem Boden Rindenkompost einarbeiten.
- Grobe Schollen belassen.
- Den Boden mit Mulchmaterial schützen. Mulchmaterial eventuell mit einem Vogelschutznetz vor dem Wegwehen schützen, am Boden befestigen.
- Eventuell anfallende Änderungen in der Gartengestaltung, Haltung von Laufenten usw. jetzt schon planen.
- Anbauplan der Gemüse- und Blumenbeete für das Frühjahr erstellen

ICH WANDER AUS

# Urlaubszeit – (k)eine Schnecken-zeit?!

Natürlich hängt vieles davon ab, wer während der Ferien den Garten in seine Obhut nimmt. Sehr verantwortungs-bewusste Nachbarn werden halbe Nächte im Feriengar-ten verbringen, damit auf keinen Fall „etwas passiert". Andere tun nur das Nötigste und verlieren prompt an Wertschätzung, wenn bei der Rückkehr nur noch klägli-che Überreste an vergangene üppige Gartenzeiten erin-nern. Bereiten wir daher den Garten auf die Ferien vor, damit die Nachbarn nicht zuviel Mühe mit ihm haben.

### • Vorbeugend •

🍂 Schon mindestens vier Wochen vor den Ferien die Kulturen auf Wasserknappheit erziehen: Jedes Mal gründlich wässern, aber immer größere Pausen zwischen dem Gießen einlegen.

🍂 Während der letzten zwei Wochen vor Urlaubsbe-ginn keine Neupflanzungen oder Neuansaaten mehr vornehmen! Am Tag der Abfahrt sollten alle Kulturen gestärkt und in vollem Wachstum sein!

🍂 Spätestens zwei Wochen vor den Ferien die Schnecken an Stellen locken, die sich weit entfernt vom Gemüsegarten oder Blumenbeet befinden.

🍂 Wanderschranken reinigen, reparieren oder ersetzen.

🍂 Eine Woche vor den Ferien, dort wo es nötig ist, zum letzten Mal Kräuterjauche geben.

### • Am Tag vor der Abreise •

🍂 Den Gartenboden oberflächlich hacken.

🍂 Bewässerungsrillen neu ziehen.

🍂 Viel Wasser geben und kurz antrocknen lassen.

🍂 Den Boden nochmals oberflächlich hacken.

🍂 Eine neue Schicht Trockenmulch streuen.

🍂 Die von den Beeten entfernt liegenden Lockstellen gießen und das Futterangebot erneuern.

🍂 Um junge Pflanzen den Schutzkragen erneuern.

🍂 Während der Nacht überprüfen, ob Schnecken an den empfindlichen Kulturen sind und diese ablesen.

Den mit der Gartenpflege betrauten Nachbarn mitteilen, dass sie selbst bei Trockenheit nicht häufig gießen sollen.

# Service

## Zum Weiterlesen:

Monika Neumeier,
Igel in unserem Garten
Mit Expertenrat aus
erster Hand
Kosmos Verlag
ISBN 978-3-440-11481-0
7,95 €

Ulrich Schmid,
Vögel im Garten
Kosmos Verlag
978-3-440-11798-9
7,95 €

Wilfried Stichmann
Der Große Kosmos-
Naturführer
Tiere und Pflanzen
Kosmos Verlag
978-3-440-11657-9
19,95 €

## Bezug von Nützlingen und Pflanzenschutz:

W. Neudorff GmbH KG
Abt. Nutzorganismen
Postfach 12 09
31857 Emmerthal
Tel.: 0180 / 5 63 83 67
info@neudorff.de
www.neudorff.de

AMW Nützlinge GmbH
Ausserhalb 54
64319 Pfungstadt
Tel.: 0 61 57 / 99 05 95
Fax: 0 61 57 / 99 05 97
amwnuetzlinge@aol.com
www.amwnuetzlinge.de

Sautter & Stepper GmbH
Rosenstr. 19
72119 Ammerbuch
Tel.: 0 70 32 / 95 78-30
info@nuetzlinge.de
www.nuetzlinge.de

## Schneckenzäune und anderes Gartenzubehör:

Gärtner Pötschke GmbH
Beuthener Straße 4
41564 Kaarst
Tel.: 0 18 05 / 8 61-100
Fax: 0 18 05 / 8 61-300
info@poetschke.com
www.gaertner-poetschke.de

N.L.Chrestensen
Erfurter Samen- und
Pflanzenzucht GmbH
Witterdaer Weg 6
99092 Erfurt
Tel.: 03 61 / 2 24 50
Fax.: 03 61 / 2 24 51 12
info@chrestensen.com
www.gartenversandhaus.de
www.chrestensen.de

Natürlich erhalten Sie geeignete Gegenmittel gegen Schnecken, Sämereien und Pflanzen auch im Fachhandel in Ihrer Nähe. Die jeweiligen Adressen und Telefonnummern entnehmen Sie bitte dem Branchenbuch oder dem Internet.
Über Aktuelles und weitere Serviceadressen können Sie sich auch in einschlägigen Gartenmagazinen informieren.

# Register

107

# Unterhaltsam und informativ

KOSMOS *Garten* SAMMELSURIUM

KOSMOS

Bruno P. Kremer
**Kosmos Gartensammelsurium**
160 Seiten,
ca. 60 Illustrationen
€/D 14,95
€/A 1540; sFr 27,90
ISBN 978-3-440-11264-9

■ Wissen Sie, dass es acht Jahreszeiten im Garten gibt? Warum Melonen zum Gemüse gehören? Oder was ein Tausendkorngewicht ist?

■ Amüsantes, Wissenswertes und Kurioses aus der Welt des Gartens.

# Impressum

Alle 67 Illustrationen von Jens Corvin, München

Umschlaggestaltung von eStudio Calamar, Spanien

Gebrauchsnamen, Handelsnamen, Warenbezeichnungen sind in diesem Buch ohne nähere Kennzeichnung in Bezug auf Marken, Gebrauchsmuster oder Patentschutz wiedergegeben. Daraus kann nicht abgeleitet werden, dass diese Namen und Verfahren als frei im Sinne der Gesetzgebung gelten und von jedermann benutzt werden dürfen.

Die Rechtschreibung der deutschen Pflanzennamen ist nicht eindeutig geregelt. Auch jede andere Art der Schreibung ist möglich, die Sie sowohl in Fach- als auch in populärwissenschaftlichen Büchern finden werden.

Gedruckt auf chlorfrei gebleichtem Papier
2. Auflage
© 2009 Franckh Kosmos Verlags GmbH & Co. KG, Stuttgart
Alle Rechte vorbehalten
ISBN 978-3-440-11826-9
Lektorat: Birgit Grimm, Kathi Voges
Produktion: Medienfabrik GmbH, Stuttgart
Grundlayout: eStudio Calamar, Spanien
Printed in Slovakia / Imprimé en Slovaquie

# Die Schnecken und das Bier

In Sachen Bier stehen uns die Schnecken in nichts nach. Der spezielle Duft der vergorenen Mischung aus Hopfen, Malz und Gerste muss ihnen von den Zersetzungsprozessen bei Früchten bekannt sein. Jedenfalls schätzen sie Bier. Stellen wir im Garten mit Bier gefüllte Becher auf, führt die aufkommende Restaurantstimmung zu einem Zustand besonderer Erregung und sehr schnell zur gezielten Wanderung in Richtung Bierbecher. Auch unter den Schnecken gibt es wahre Trinker. Sie hängen sich tief in den Becher, können Lustgefühle schlecht dosieren und fallen schließlich völlig beduselt in den Gerstensaft, wo sie alsdann der Tod durch Ertrinken ereilt. Damit ist auch schon die Funktionsweise der Bierfallen erklärt. Doch aufgepasst! Der Bierduft lockt sehr viele Schnecken in den Garten, aber nur ein Bruchteil der Tiere trinkt mit tödlicher Folge. Eine echte und auch effiziente Falle sind die eingegrabenen Becher also nicht. Als Lockmittel sind sie sicher geeignet – die versammelte Schneckenschar muss aber nachts eingesammelt werden.